植物大戰殭屍2

人體漫畫

超強大腦大對決

笑江南 編繪

中華教育

向日葵

豌豆射手

花生射手

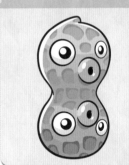

菜問

閃電蘆葦

堅果

火焰豌豆射手

棱鏡草

紅針花

騎牛小鬼殭屍

牛仔殭屍

探險家殭屍

雞賊殭屍

未來殭屍

未來殭屍博士

路障未來殭屍

斗篷殭屍

專家推薦

　　小朋友們，想必你們都看過《最強大腦》這類電視節目吧，是否被裏面選手的能力所震驚？有的選手可以在短短幾分鐘的時間內把打亂的數字重新排列好，手、眼、腦完美協作；有的選手可以在短時間內從立體雜亂的迷宮陣中找出最短線路，真是對記憶、推理、空間構建等綜合能力的大考驗！小朋友們，你們是不是也想擁有一個超強的大腦呢？

　　眾所周知，大腦是人體最重要的器官，是意識、精神、語言、學習、記憶等高級神經活動的物質基礎。大腦左右半球的分工有甚麼不同？腦袋愈大愈聰明嗎？為甚麼有些人記憶力極好，而有些人計算能力超強？記憶的「保質期」有多長？我們的大腦功能可以後天開發嗎？如何擁有「福爾摩斯式」的邏輯思維？……以上問題都能在這本有趣的人體漫畫書中找到答案。

　　在本書中，植物戰隊和殭屍戰隊參加了一場超強大腦知識競賽。為了能給自己的團隊贏得巨額獎金和榮譽，雙方進行了賽前的專業培訓，使出了渾身解數。這次競賽的幕後組織者是誰呢？植物戰隊的兩位主力臨時意外退賽後，他們能否逆襲奪冠呢？讓我們一起閱讀這本既幽默又長見識的人體漫畫書，去書中一探究竟，了解神奇的大腦，學習實用的人體知識吧！

王春雨

北京航天總醫院神經內科主任醫師

目錄

腦袋愈大愈聰明嗎？

心理咨詢室

棱鏡草！
棱鏡草！

出甚麼事了？

喊了你半天，你怎麼現在才來？

快把這份文件拿給閃電蘆葦院長。

好的。

請進。

怎麼又是你來送文件啊？岩漿番石榴醫生呢？

可能是我比較閒吧，今天一個病人也沒有……

下次讓岩漿番石榴自己送來，別總是指使別人。

好的。

垂頭喪氣

你們怎麼回事？

3

連失眠的小毛病都治不好，你們直接關門算了！

請您冷靜一下。

這位患者，別急。其實您的失眠是心理原因造成的，我們還是建議您到醫院的心理診室就診。

讓我去看心理醫生？

你是說我的精神不正常？你們甚麼意思？我要告你們誹謗！

您誤會了，心理疾病不是洪水猛獸，它和其他疾病一樣，患病後需要治療。

哼，你是為了自己的生意，才這樣說的吧？

你⋯⋯

您好，我是植物醫院的心理醫生。我叫棱鏡草。

心理醫生？

甚麼破醫院，我不在你們這裏看病了！

棱鏡草！
快過來！

來啦！

對不起啊，棱鏡草醫生，剛剛是我們沒處理好。

不怪你們。我先去找岩漿番石榴了。

那個……

有甚麼可以幫助您的嗎？

我……

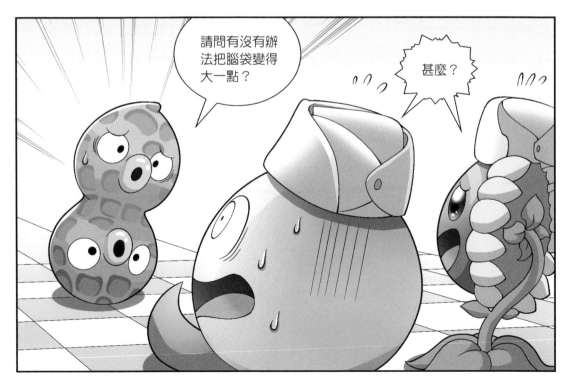

請問有沒有辦法把腦袋變得大一點？

甚麼？

你想把腦袋變大,是為了變得更聰明?

是的。

我的腦子不靈,每次都要比別人慢半拍,老被人笑話。

我聽他們說腦袋大的人更聰明,所以我想把腦袋變大一點。

可是,腦袋的大小和智力的高低並沒有必然的聯繫啊。

一些擁有巨型腦袋的動物,比如大象和巨頭鯨,牠們並沒有展現出高人一等的智慧。

有些腦損傷和病變也可能造成反應遲鈍。這樣吧,你先去做腦部磁力共振,看看有沒有大腦損傷。

啊?

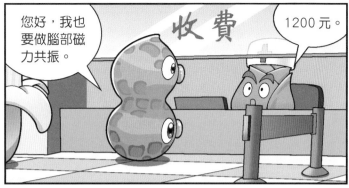

左腦和右腦是怎樣分工的？

從掃描圖來看，你的大腦並沒有損傷。

真的沒問題？你再仔細看一看吧！

我覺得自己真的有病。

第一次遇到希望自己有病的人。

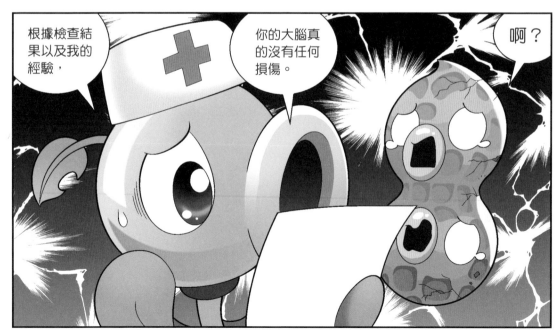

根據檢查結果以及我的經驗，

你的大腦真的沒有任何損傷。

啊？

讓一讓，麻煩讓一讓。

他怎麼了？

他正為腦袋不靈光發愁……

室外

等一等！

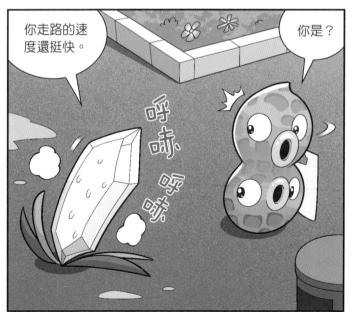

你走路的速度還挺快。

呼哧 呼哧

你是？

我是心理診室的醫生。我叫棱鏡草。

我聽說你想提高智力，是嗎？

是啊！

我可以幫你。

真的？

但是需要你的配合。

只要能變聰明，讓我做甚麼都可以！

咦，不對啊，心理醫生還能讓病人變聰明嗎？

腦力開發也是心理學的一部分。

11

人的大腦分為左、右兩個半球。一般來說，左腦控制身體的右側，右腦控制身體的左側。

左腦主要負責記憶、語言、邏輯、分析等，右腦主要負責直覺、情感、身體協調等。

而大腦下面的小腦主要負責運動，是維持和調節姿勢、運動的中樞器官。心理學的有些方法可以開發大腦各區域的潛力。

剛剛說大腦分為……然後有個……還有甚麼來着？

果然慢半拍啊……

完了，我一句都沒記住！

沒關係，你去我家，我可以給你做一個全方位的腦力訓練方案！

太好啦！

神經草醫生，太感謝你了。

我叫棱鏡草……

大腦也需要「洗澡」嗎？

棱鏡草醫生，你的袋看起來挺重的，我來幫你背吧？

不用了。

給我吧！

真重……

你的袋裏裝了甚麼呀？

是一些關於心理學的書。

你已經是醫生了，還要看書啊？

當然了。

現在知識更新得這麼快，不學習就跟不上時代了。

你想開發大腦，不也正是為了學習嗎？

我可沒有你這麼高的覺悟。

我只是不想被人瞧不起而已。

醫生！醫生！

你沒事吧？

沒事……走神了。

已經到了，看，前面就是我家。

15

終於到了……
都快累成花生
醬了……

醫生，我們
現在開始訓
練吧！

現在不行。

已經很晚了，現
在是大腦「洗澡」
的時間。

大腦還要
「洗澡」？

是啊，大腦的腦室中有一種叫腦脊液的液體。它與腦內細胞間液不停交換，通過這種方式把大腦中的「垃圾」排出腦外，這就是大腦「洗澡」的方式。

聽起來好複雜。

其實也沒那麼複雜，你只要知道大腦「洗澡」是發生在睡眠期間就可以了。

我懂你的意思了。

你反應還是挺快的嘛！

你的意思是，讓我睡覺的時候也要備好沐浴乳！

17

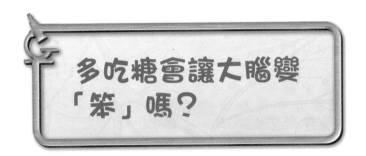

多吃糖會讓大腦變「笨」嗎？

叮鈴鈴

喂？

護士，不好了，19 號病房的病人有危險。

知道了。

啪

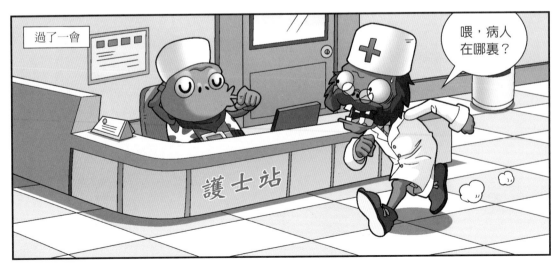

過了一會

護士站

喂，病人在哪裏？

要不是您及時趕到，恐怕鋼琴殭屍就⋯⋯

這是我應該做的。

都怪你⋯⋯

騎牛小鬼殭屍！

剛剛 19 號病房的病人有危險，你為甚麼不及時通知我？

我⋯⋯

還不是怪這根波板糖！

19

都是因為它太好吃了，才耽誤了我的工作。

難道你不知道上班期間不准吃零食嗎？

研究發現，長時間的高糖飲食會減弱大腦的學習和記憶能力。你自己是護士，連這個都不知道嗎？

而且糖吃多了可能會影響大腦功能。

還有這種事？

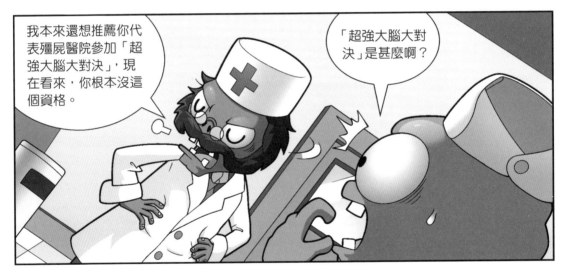

我本來還想推薦你代表殭屍醫院參加「超強大腦大對決」，現在看來，你根本沒這個資格。

「超強大腦大對決」是甚麼啊？

就是這個。

這麼多獎金？

宇宙最強腦力闖關比賽「超強大腦大對決」，大獎等你來拿！冠軍獎金：99999

我保證，一定盡職盡責，完成闖關任務，為殭屍醫院爭光！

就你？

我可以用不吃糖來表示我的決心！

這還差不多。

但是請允許我先把手上的波板糖吃完。

大腦也愛旅行嗎？

甚麼？

你讓我去參加「超強大腦大對決」比賽？

是啊，我已經給你報名了。

不行，不行。

我的反應這麼慢，肯定會輸的。

不試試怎麼知道呢？

我才剛開始進行腦力訓練，你就讓我參加這麼難的比賽，不是為難我嗎？

等一下！

甚麼都別說了。

我明白了，你是嫌我太笨，想用這種方法逼我走！

我沒有這個意思啊。

我走就是了！

慢着！

花生射手，你還想過被人取笑的日子嗎？

我為你報名參賽，是為了激勵你啊！

激勵我？

你不逼自己一把，怎麼知道自己不行呢？

去參賽吧，讓那些取笑你的人對你刮目相看。

可是……

萬一我輸了怎麼辦？

輸了也沒甚麼丟臉的，至少你努力過。

棱鏡草醫生對我真好……

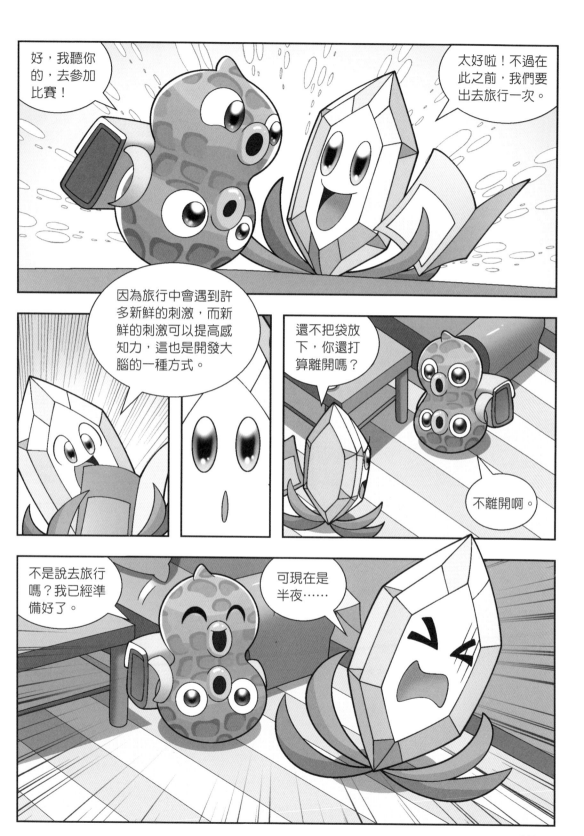

互聯網會毒害我們的大腦嗎？

去旅行嘍！

我記得你說今天要在家玩電腦遊戲，怎麼突然又想去旅行了？

嘿嘿，這你就不知道了吧！

因為旅途中可以拍很多照片，能曬到網上啊！

醫生，你看！

甚麼？

這塊石頭上的水漬很像一隻小蝴蝶。

還真是。

我還發現那邊的草長得很像助理醫生菜問。

不可能，菜問幾乎不出門，平日裏只喜歡玩電腦，不會出來旅遊的。

出來一趟，不僅提高了你的觀察能力，連想像力也豐富了。不錯嘛！

嘿嘿。

咔嚓

咔嚓

27

我們去別的地方看看吧？

等下，我在修照片呢！

咦，這不是棱鏡草醫生嗎？

嘿，看鏡頭！

哈哈，瞧你們驚訝的表情。

還真是菜問。

我把這張照片傳到網上，一定能獲得超多讚。

出來旅遊還不忘上網。

菜問，小心點，總用互聯網會分散人的注意力喲。

啊？

因為我們使用互聯網的大部分時間裏，大腦都在進行多任務操作，分配給每項任務的注意力和時間都很短暫，久而久之會導致注意力降低。

像你這樣，一邊走馬觀花地旅遊，一邊還想着玩手機，

一心二用，都不能欣賞到旅途中的美景。

才不是呢！

那你不如直接在網上搜照片看……

豌豆射手，你到底是哪邊的？

把美景記錄到手機上，回去再看不一樣嗎？

哈哈哈！瞧這羣植物！

殭屍？

沒想到你們這麼不團結，看來「超強大腦大對決」的冠軍非我們莫屬了。

你為甚麼會愈睡愈眼？

醫生值班室

這傢伙，說好了值班的時候輪換着休息的⋯⋯

助理

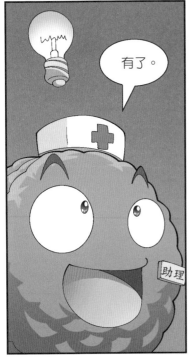

有了。

助理

10 號病房的病人按鈴啦！

助理

難道你也參加了宇宙最強的「超強大腦大對決」比賽？

是啊，怎麼了？

啊，那你是我的偶像呀！

助理

據說「超強大腦大對決」不僅考驗參賽選手的智力水平，還非常考驗心理素質，一般人根本撐不到最後。

助理

而且這場比賽是宇宙級的，那就代表着……

助理

殭屍也會參加！

我就是昨天被殭屍挑釁才報名。

助理

助理

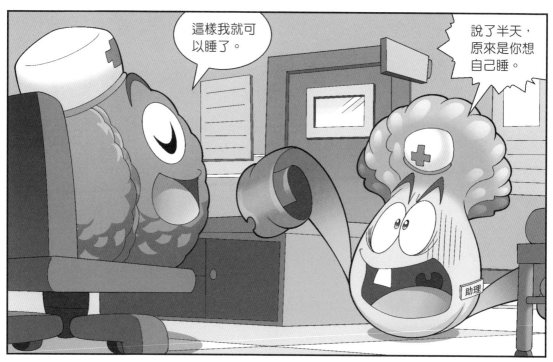

熬夜對大腦的損傷有多嚴重？

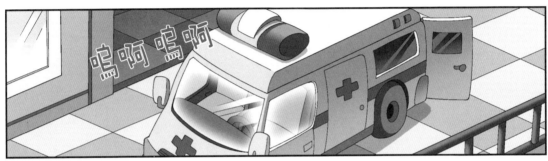

看樣子是疲勞過度。

快,推一張病牀過來。

好!

喂,你們幹甚麼?

放開我!

我們這就帶您去看醫生,請您配合一下。

你們搞錯了,我是新來的司機,病人還在救護車裏呢!

是的，火炬樹椿不分白天黑夜地研製新藥，熬夜太多，導致心臟病復發。

熬夜有這麼可怕嗎？

甚麼？心臟病？

嗯，長期睡眠不足不僅會影響神經系統、損害大腦健康，還會增加罹患心腦血管疾病、消化系統疾病等風險。

院長，您一定要救他啊！

火炬樹椿和你是甚麼關係啊？

他是我的小學老師。

怎樣開發創造性思維？

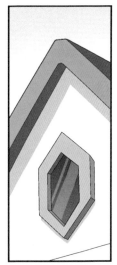

思維訓練第一題。

小小去探望爺爺，說了這樣一句話。

她說：「爺爺年輕的時候真可憐，生活在沒有色彩的世界。」她為甚麼會說這樣的話？

我知道！

因為爺爺的眼睛不好。

錯。

因為小小看到了爺爺年輕時候拍的黑白照片。

還有這種邏輯……

接着，爺爺拿出了小小的照片，居然也是黑白的，這又是為甚麼？

……

因為小小也喜歡拍黑白照片？

不對，因為小小和爺爺都是熊貓。

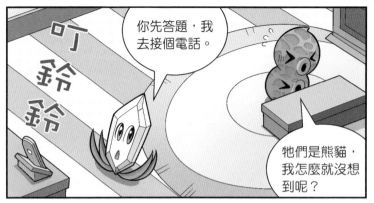

你先答題，我去接個電話。

牠們是熊貓，我怎麼就沒想到呢？

喂，你好。

電視台？

植物鎮電視台

如果你是一名腦力培訓師，你會怎樣開發學員的創造性思維？

首先是啟發大家多「幻想」，因為世界上很多發明都是從幻想開始的，比如世界上第一架飛機，就是從人們幻想能造出飛鳥的翅膀開始的。

另外，多向思維也很重要，比如我們看到一罐蜂蜜時，一般人會想到它是食物。但如果我們能多向思維，還可以想到用蜂蜜的黏性做膠水，還能做面膜喲！

很好。

你被錄取了！

真的？

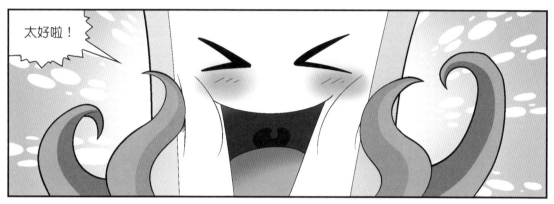

太好啦！

不過我的職位是甚麼？

都不知道要做甚麼，你激動甚麼？

你應該知道「超強大腦大對決」比賽吧?

知道啊!

植物鎮電視台拿下了「超強大腦大對決」的直播權。

但是投資人有一個條件,就是希望在比賽前開辦一個週末「大腦訓練營」,訓練學員的腦力。

而你是最合適的人選。

其實我也沒那麼厲害啦⋯⋯

你不是勝在厲害,而是勝在便宜。

如果能有幸在電視台工作,即便不要工資也沒關係啊!

具體的報到時間，會用電郵通知。我還有客人要接待，讓祕書送你吧。

好的，謝謝您。

這邊請。

謝謝。

你來啦？

幸會！幸會！

那是⋯⋯

殭屍嗎？跟殭屍面對面對話，也是創造性思維的表現嗎？

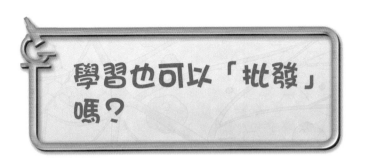

學習也可以「批發」嗎?

大腦訓練營,我來啦!

怎麼一個人都沒有?

因為你有幸分到了最後一間房。

住別人挑剩下的房間，這還叫幸運？

不願意住？那算了……

別……別……

我真是樂極生悲。

應該是喜極而泣吧？

時間不早了，我先回房間收拾一下。

喂，回來！

47

你好！

這傢伙不會聾了吧？

終於追上你了。

宿舍是從另外一側的樓梯上去，跟我來。

先等一下。

這個植物的聽力好像有問題，讓我幫他瞧一瞧。

他是「超強大腦大對決」比賽模擬題的出題人之一，正在專心為比賽編寫題目，所以沒聽見你的話。

他今天要編100道題。

這麼多？

得編一整天吧？

對紅針花來說，只要3小時就能夠完成。

48

紅針花習慣「分批處理」工作，集中精力和時間在同一項工作上，這樣效率會更高。

分批處理？像批發一樣嗎？

沒錯。假設你現在有一篇兩小時要寫完的文章，如果你把它分散在幾個零散時間完成，肯定會浪費很多時間，因為每一次都要花時間重新投入。

把相似的工作放在一起成批做，效率會更高！

我有一個朋友也是「分批處理」的高手，不過他和紅針花處理的內容不太一樣。

真的嗎？是誰啊？

他叫堅果，最喜歡「分批處理」吃東西。

咕茉

你的學習「有組織」嗎？

牛仔殭屍，你看到我的玩具熊了嗎？

你的東西，我怎麼知道在哪兒？

我自己的牙刷還沒找到呢！

找到了！

好像已經不能用了。

探險家殭屍，你還愣着幹嗎？

是啊，還不快收拾東西？

我早就整理好了。

甚麼？

你的速度也太快了吧？

很簡單啊，因為不管學習、工作還是生活，我都堅持「有組織」。

怎樣才能做到
「有組織」呢？

我有三個
祕訣。

首先，我會把所有的物品
都放在固定的位置。這樣
找東西就更方便，能節省
很多時間。

有道理！

我還會隨身帶一個
記事本，有重要的
事情或靈感，及時
記在本子上，就不
怕忘記啦！

記事本

最後，我還會用日曆
記錄要做的事情，並
規定截止日期。

你也有筆
記本？

我剛從你
的紙盒裏
拿的。

早在出發前的一個星期，我就在日曆上規定了打包的截止時間，並在截止時間前完成了。

XX月　xxxx年

牛仔殭屍，我們也定一個截止時間吧？

不必了。

開往大腦訓練營的車還有5分鐘發車開出。

也就是說，你們只有5分鐘的時間……

怎樣克服害羞？

植物大腦訓練營

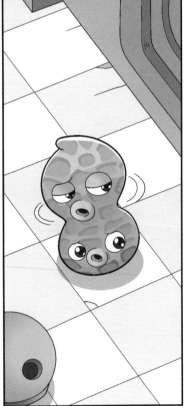

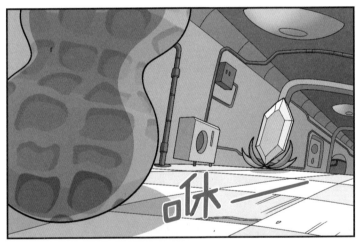

咻——

跟蹤我？

臭跟蹤狂，我抓住你了！

我是花生射手！

啊？

走廊外

教室

1

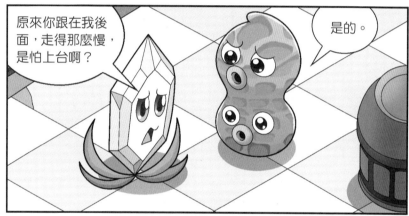

原來你跟在我後面，走得那麼慢，是怕上台啊？

是的。

我聽說，開課第一天，每個人都要上台介紹自己。

可是我比較害羞。

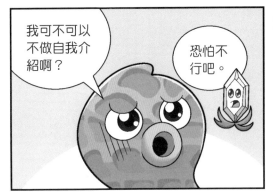

我可不可以不做自我介紹啊?

恐怕不行吧。

不過別擔心,害羞是可以克服的。我小時候也很害羞。

您也會害羞?

唉,事情是這樣的:有一次,我在朗讀比賽中唸錯了一個字,結果全場同學都笑了。

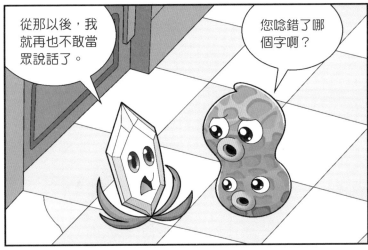

從那以後,我就再也不敢當眾說話了。

您唸錯了哪個字啊?

我本來想說「蘋果的臉紅了」,可是一緊張,說成……

蘋果的臉瘋了。

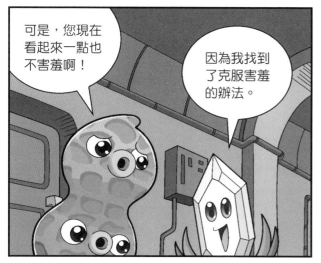

可是，您現在看起來一點也不害羞啊！

因為我找到了克服害羞的辦法。

想要克服害羞，首先要培養與人交談的習慣。

和每個人說話？

這我可做不到……

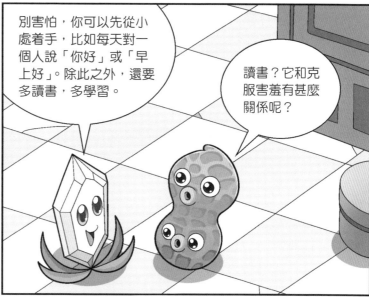

別害怕，你可以先從小處着手，比如每天對一個人說「你好」或「早上好」。除此之外，還要多讀書，多學習。

讀書？它和克服害羞有甚麼關係呢？

只要你的見識多了，和人溝通的時候自然就有話題啦！

最後一點，也是最關鍵的一點。

那就是永無止境地練習，決不放棄！

今天的自我介紹，就是一個很棒的練習機會喲！

我現在就開始練習！

好。

嘿，窗戶小姐，早上好！

欄杆先生，你今天很酷喲！

不是這樣練的……

教室

向日葵護士、菜問助理醫生、豌豆射手醫生，你們好。

你好！

現在我們都是學員，你直接叫我向日葵就好了。

就是，叫我大帥哥就可以了。

對了，你們知道培訓師是誰嗎？

不知道。

聽說是一位很厲害的老師。

那當然！

大家好啊！

棱鏡草醫生，你也報名參加訓練營了？

也可以這麼說吧。

我就是你們的培訓師。

甚麼？

哈哈哈，太好笑了。

我臉上有奇怪的東西嗎？

平時一個病人都沒有的棱鏡草醫生，居然能當培訓師？

菜問，你少說兩句，也許棱鏡草醫生有特殊的本領呢。

就他？

不許你這樣對棱鏡草醫生！

花生射手⋯⋯

讓我接受他做我的培訓師也可以，除非⋯⋯

除非甚麼？

除非太陽打西邊出來！

61

內向好還是外向好？

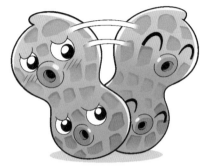

菜問，我們一起去自修吧？

不去。

你還在為棱鏡草的事情生氣啊？

你說呢？

其實棱鏡草老師的課挺有意思的。

他出的那道思維訓練題：「4 個 3，加減乘除只能用 1 次，怎樣得出 14 的答案？」我想了好久，都沒想出來。

完了，我只顧着生氣，課也沒聽。

只要把前面兩個3連在一起變成33，除以3再加3，就能得到14的答案。

連在一起變成33，真是絕了！

是嗎？也沒甚麼了不起嘛！

既然你沒有興趣，那我們先走了。

拜拜！

我到處找您，原來您在這裏啊？

菜問今天太過分了。

沒甚麼，我已經習慣了。

您為甚麼不反擊呢？

你覺得，反擊兩句就能讓菜問認可我嗎？

這個……

日久見人心，我相信等大家了解我以後，就會消除對我的偏見。

況且我本身就是個內向的人，不喜歡與人爭辯。

唉，我還真羨慕菜問。

為甚麼？

因為他有外向的性格啊，哪兒像我們……

其實，內向和外向並沒有好壞之分。

性格外向的人，喜歡交際，自信開朗。

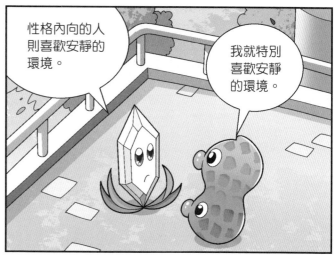

性格內向的人則喜歡安靜的環境。

我就特別喜歡安靜的環境。

因為在安靜的環境中，入睡比較快。

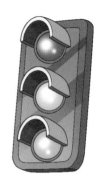

「紅綠燈」法則能熄滅大腦中的怒火嗎？

到了。

這就到了？

看起來很荒涼啊。

沿着前面的路爬到山頂，就是大腦訓練營了。

不是說送我們到門口嗎？

對不起，我到下班時間了。

祝你們好運！

殭屍大腦訓練營

這就是大腦訓練營啊？好氣派！

騎牛小鬼殭屍呢？

我在這兒。

67

牛仔殭屍，你恃強凌弱！行李箱全讓我一個人提。

我是為你好，把鍛煉身體的機會讓給你。

你以為我會相信嗎？

好了，別吵了，快進去吧。

你們是新來的學員嗎？

當然。

先登記交錢吧！

交錢？

我們已經在網上交過費用了。

網上交的是學費，我收的是食宿費。你們不能不吃飯、不睡覺吧？

原來是這樣啊，還好我早有準備。

我除了是醫生外，還是探險家。在野外探險的時候，最重要的就是準備食物，所以……

我在身上藏了很多美食！

我的背包裏也裝了好多吃的。

對不起，這裏不准外帶食物。

機甲巨人！

來了！

把他們的食物都沒收了。

是。

現在可以交錢了吧？

我不服，你們這是霸王條款！

探險家殭屍，冷靜點。

又不是我逼着你們來的，你們現在反悔也可以。

不過，學費不退！

你！

你們這位探險家脾氣還挺大，要不我今天大發慈悲，給你們上一堂情緒控制課吧？

情緒控制？

人在情緒激動的時候，容易做出令自己後悔的事情。而「紅綠燈」法則可以幫我們控制情緒。

紅燈是第一步，代表着停止。現在，請儘量讓自己的大腦和心情平靜下來。

接下來進入到黃燈階段，黃燈階段分為三步：首先，請說出當下存在的問題，並表達你的感受。

大腦訓練營的收費項目太多，我對此很不滿。

接下來，請說出你想要達到的目標。

我的目標是不交錢。

下面再想一想，要達到這個目標，你有甚麼處理方案？

吃霸王餐，或忍痛交錢？

接下來，請思考，這兩種方案會產生甚麼後果？

吃霸王餐肯定會被趕出去，這樣的話學費就白交了；忍痛交錢的話，說不定還能通過訓練贏得比賽，拿到獎金。

所以你們的選擇是？

忍痛交錢！

問題解決了，你們是刷卡還是現金？

信用卡在這兒，拿去刷吧。

還是你識時務。

您一共付款 5999 元。

歡迎你們正式加入大腦訓練營！

你怎麼突然這麼大方，還幫我們交食宿費呢？

我刷的又不是自己的卡。

那張信用卡是從你袋裏拿的。

甚麼？

控制情緒！我們再來一遍「紅綠燈」法則……

天才是天生的嗎？

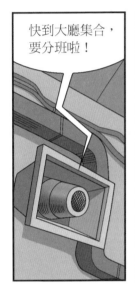

快到大廳集合，要分班啦！

你是騎牛小鬼殭屍？

您真是貴人多忘事，我們昨晚不是剛見過嗎？

你很幸運，被分到未來殭屍博士的班級。

太棒啦！

快幫我看看，我的培訓師是誰？

別著急，我正在找。

你也是未來殭屍博士班的。

太好啦！我們是同班同學！

你嘛……

雖然昨天我們有爭執，但我做事公平、公正。

你也去未來殭屍博士的班級吧！

太感謝了！

對了，怎麼只有我們，其他學員呢？

沒有其他學員。

學費雜費太貴，沒人報名，只有你們三個。

是未來殭屍博士！

博士！

博士，您快教教我們，怎樣才能成為像您一樣的天才，贏得「超強大腦大對決」比賽吧！

你很有眼光，我的確是位天才。

騎牛小鬼殭屍，你……疼死我了！

但天才不是與生俱來的。

拿莫扎特來說吧，他被譽為「音樂神童」，3歲就表現出音樂才能，5歲能彈奏管風琴和小提琴，6歲開始在歐洲舉辦音樂會，是人們心中不折不扣的天才。

但事實是，莫扎特從 3 歲開始，他的父親就對他在創作和演奏方面進行了嚴格的訓練。6 歲生日前，小莫扎特就完成了 3500 個小時的音樂訓練。

可是比賽還有一個月就開始了，在這麼短的時間內，我們怎樣才能增加勝算呢？

你們要跟着我好好學習。

除此之外，還可以參加我另外開設的補習班。

不過要另外收費喇！

還要交錢？成為天才的成本好高啊……

記憶的「保質期」有多長？

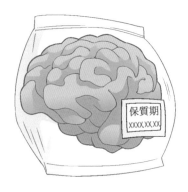

保質期
XXXX.XX.XX

午餐來啦！

這麼大的盤子，一定是一頓大餐！

別抱太大希望。

你忘了我們今天早上吃的是甚麼了嗎？

⋯⋯

不會又像早上一樣，給我們吃昨天剩的包子吧？我們可是交了很多錢呢！

怎麼會呢？

這是今天早上剩的包子。

你們吃完飯有甚麼活動？

躺着。

打遊戲。

你們倆太沒追求了，應該讓生活過得精彩一點！

那你想幹嗎？

當然是去探險了！

我曾經在全球探險比賽中獲得過「探險之王」的稱號。你們今天很幸運，可以跟我一起去探險。

喂，你們兩個小鬼，我話還沒說完呢！

回去睡覺了。

打遊戲去嘍！

哼，你們不去，我自己去。

咦，樹林裏怎麼還有一扇門？

還上鎖了！

菜問，等等我！

誰？

棱鏡草今天的課太有趣了！

也就那麼回事。

是植物！

碎

嘿嘿。

你醒啦？

我在哪裏？

我和騎牛小鬼殭屍在食堂門口發現你的，然後把你抬回來了。

對了，你怎麼暈倒在食堂門口啊？

我甚麼都不記得了……

讓我來幫你回憶一下。未來殭屍博士曾說過，大腦主要靠海馬體存儲記憶。記憶分為感覺記憶、短期記憶和長期記憶。通過眼睛、耳朵、鼻子等感覺器官收集的信息，形成的是感覺記憶。

感覺記憶像一個穿洞的箱子，記憶放進去後很容易被漏掉，需要通過「注意」把它們轉移到短期記憶，接着才能形成長期記憶。

既然你沒記住，說明這件事你根本不在意，所以應該不重要。

那我和牛仔殭屍趁你暈倒的時候，從你口袋裏拿錢的事情，你肯定也不記得嘍！

甚麼？

誰讓你把這事說出來的？

遺忘還能提高記憶力？

我為甚麼會無緣無故暈倒呢？

我記得自己和牛仔殭屍、騎牛小鬼殭屍先去食堂吃飯，然後⋯⋯

我想起來了！

甚麼聲音？

哎喲！

我想起來自
己為甚麼會
暈倒了……

為甚麼？

都怪你
們倆。

啊？

就是因為你們不想和我一起探險,才讓我身處險境。

那你後來又是怎麼暈倒的呢?

還沒想起來。

探險家殭屍,不是我說你,你怎麼總是把不相干的事情記得那麼清楚呢?

⋯⋯

人的記憶是有限的,你要記住那些重要的東西。

甚麼意思?

你應該選擇性地遺忘，把不相干的事情忘掉，這樣才能回想起重要的線索。

對了！

是呀，沒線索就別亂說，我剛才還以為是植物打進來了呢！

植物？

我在訓練營附近看到植物了！

甚麼？

為甚麼注意力「偏愛」安靜的環境？

植物大腦訓練營

號外，號外！

聽說第一次測驗的成績出來了！

真的嗎？

在哪兒呢？

就在棱鏡草老師的辦公室。

那還等甚麼？我們一起去查分數吧！

菜問，你不去嗎？

瞧瞧，才一次測驗就激動成這樣。

我才沒你們那麼無聊。

花生射手，別理他，我們自己去看。

還真走了。

也不知道我得了多少分。

去看一眼也無妨，就一眼。

太厲害了。

你們居然都得了滿分！

你也不錯啊，得了 90 分。

都考得這麼好？

菜問，進來吧，我看到你了。

不過，如果你特別想給我看的話……

我先聲明，我可不是因為好奇自己的分數才來的。

我也不拒絕。

給，這是你的試卷。

哼——

啪

試卷 菜問

√55

這不可能，你一定是搞錯了。

你看一下試卷上的名字和筆跡。

91

是我的試卷。

不對，一定是你公報私仇，故意給了我這麼低的分數。

這是測試題的答案，你自己可以比對一下。

其實，我一直想找機會和你聊一聊……注意力不集中的問題。

他怎麼知道我注意力不集中？

我注意力不集中又不是一兩天的事情了，沒甚麼大不了的。

不。

你現在的職業是一名醫生，醫生的使命是拯救生命。

如果你在手術台上注意力不集中，那將會有很嚴重的後果！

好吧，其實我一直在為這件事情苦惱。

世界上有這麼多好玩的東西，只把注意力集中在一件事情上太難了。

你可以試試在安靜的環境裏學習。

93

如果你有注意力不集中的問題，在嘈雜、複雜的環境裏會使你的注意力更加分散，因為那些環境會造成湧入大腦的信息過多，更加分散了人的注意力。

不知不覺已經做了兩小時的習題。

在安靜的環境裏學習，效果還真不錯。這個棱鏡草果然有點本事。

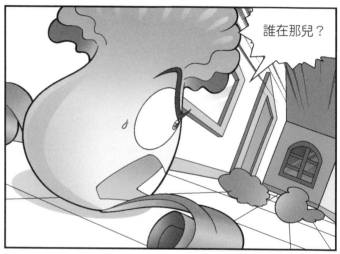

甚麼食物吃多了對大腦不好？

植物大腦訓練營

爸爸。

爸爸？

媽媽。

你看清楚，我是男的！

媽媽，媽媽。

爸爸，爸爸。

這是怎麼回事啊？

我也不知道啊！

媽媽，
餓餓。

爸爸，
餓餓。

他們的智力好像
退化到幼兒時期
的水平了。

起牀啦！

再不去上課，博
士該生氣了！

他不會生
氣的。

因為這場比賽，我們一定會贏。

你們還在做夢吧？

才不是呢。

我們昨天在博士的實驗室裏找到了一種「笨蛋藥水」。

笨蛋藥水？

它是從能讓腦子變笨的食物中提煉出來的高濃縮液體！

世界上還有能讓腦子變笨的食物？

是啊，未來殭屍博士上課的時候不是說了嗎？帶有特別鹹、高溫煎炸、含鉛量高等特點的有害食品，如果吃多了，可能會損傷大腦細胞組織，導致記憶力下降。

昨天晚上，我們偷偷潛入植物的訓練營，把笨蛋藥水用在了成績最好的向日葵和豌豆射手身上。

哈哈，植物們這回完蛋了！

怎麼可能？

可是，你這麼做簡直……

簡直怎麼了？

你不會是想叛變，讓植物贏吧？

……簡直太厲害了，終於替我報仇了！

這樣還差不多……

體育鍛煉可以提高記憶力嗎？

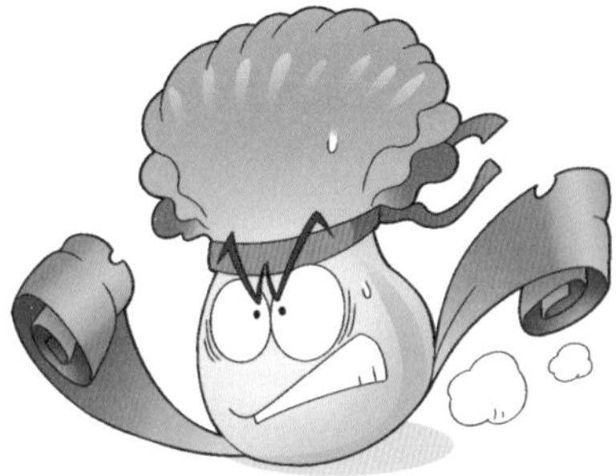

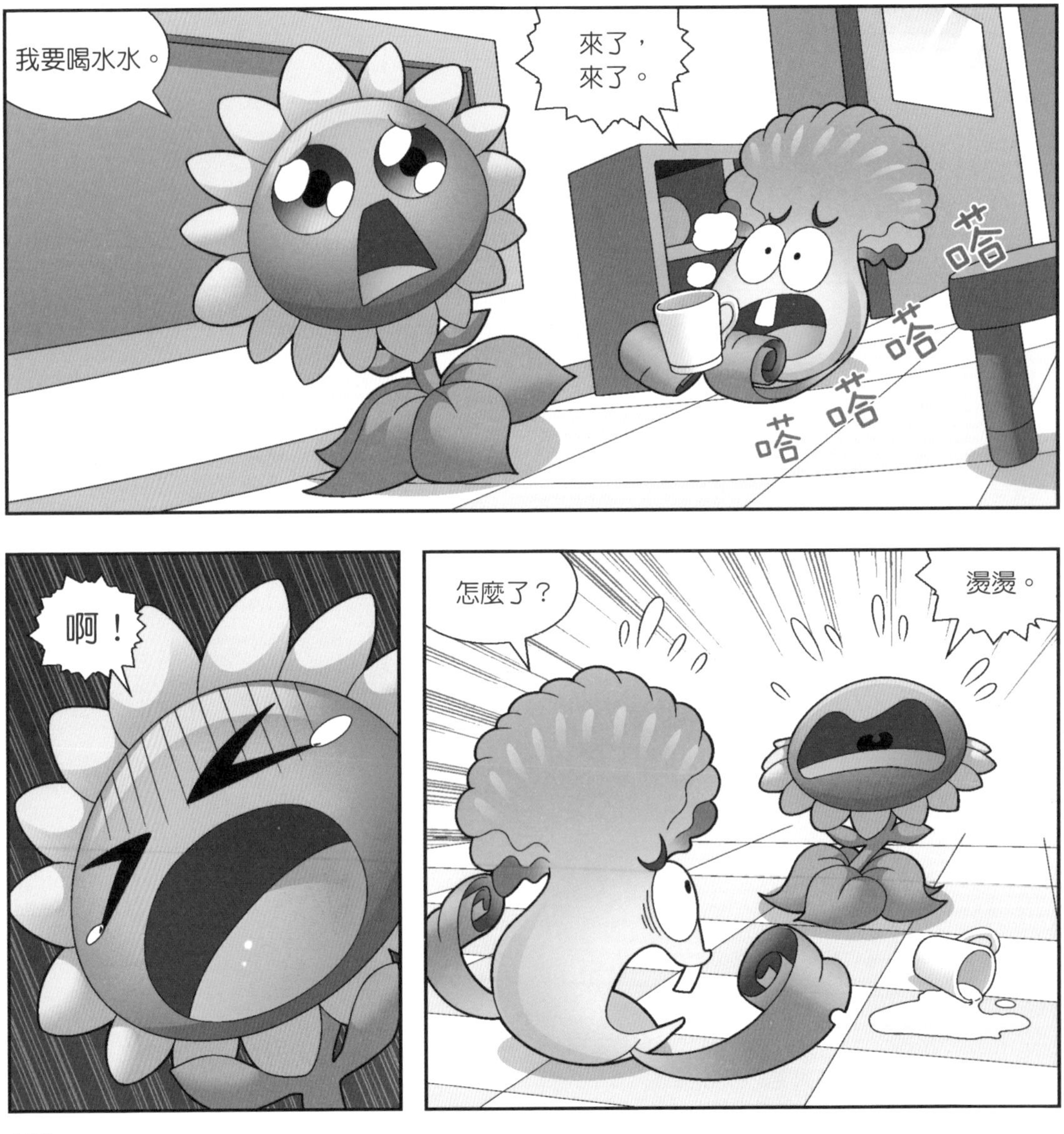
我要喝水水。
來了，
來了。
嗒
嗒
嗒
嗒
啊！
怎麼了？
燙燙。

啊！

花生射手，你還好吧？

駕！駕！

照顧寶寶太難了……

他們甚麼時候才能恢復正常啊？

恐怕還需要一段時間。

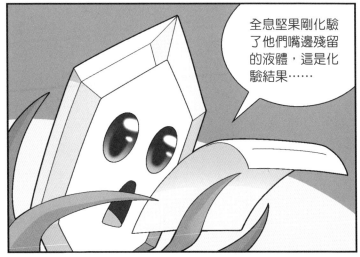

全息堅果剛化驗了他們嘴邊殘留的液體，這是化驗結果……

這種液體是從不健康食品中提取的，有很強的不良作用，而且殘留在身體裏的時間很長，短時間根本代謝不出來。

「超強大腦大對決」比賽還有七天就開始了！

我還和騎牛小鬼殭屍打賭，他們一定贏不了我們呢！

菜問，現在最重要的是向日葵和豌豆射手的身體。

那有治好他們的辦法嗎？

先用健康的飲食慢慢調養。

深海魚等食品含有較高DHA，可以定期服用；蛋類中含有優質蛋白質和卵磷脂，對腦部發育也有幫助。

體育也很重要。

體育可以提高大腦的供氧能力，還能促進大腦中某些有益激素和營養因子的分泌。

菜問。

在！

體育是你的強項，帶向日葵和豌豆射手做運動的任務就交給你了。

放心吧，這個我最在行！

我給你當助手吧？

好啊，我們現在就開始吧！

體育館內

棱鏡草老師說，體育運動能增加大腦的供氧能力，所以我們首先進行的是有氧運動。

下面這套有氧健身操，就是我自創的。

不外傳的喲！

花生射手，準備！

嗯！

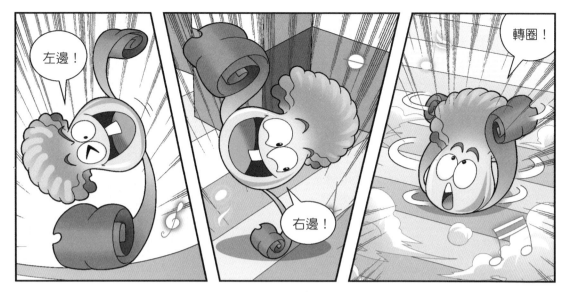

105

動手能訓練左右腦嗎？

累死了，我休息一下。

筆筆。

不知道菜問那邊怎樣了……

筆筆，畫畫。

哈哈！

畫，畫，好玩！

菜問、花生射手，你們怎麼了？

媽媽！

對不起，我們太累了，剛才睡着了。

你們先去洗臉吧。

洗臉？

啊，你怎麼變成這樣了？

看，你的臉也……

豌豆射手、向日葵，瞧你們幹的好事！

啊！

不是讓你們去洗臉了嗎？

兩個小傢伙用的是油性筆，很不好洗……

不過我找你們來，也是為了這次「塗鴉事件」。

雖然你們都被畫了花臉。

噗哧——

有甚麼好笑的？

但是，也給了我一個啟發。

甚麼？

109

我們可以通過動手的方式拯救兩個小傢伙的大腦。

啊，難不成還要畫花臉？

我的意思是做手工，動手又動腦。

手工需要眼、耳、口、鼻等多個感官參與，可以促進大腦的神經元連接，還能刺激大腦活動，增加腦容量。

另外，手工需要左右手齊開工，可以提高身體左右兩側的協調能力，提升左右腦之間信息的互換。

只要不用油性筆，我都沒問題。

第 2 天

突然有種回到幼稚園的感覺……

我覺得現在不是懷舊的時候。

你看他們倆做的手工。

好厲害！

再看看我們倆的。

好沒面子啊！我不服！

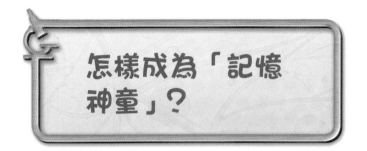

怎樣成為「記憶神童」？

植物大腦訓練營

怎麼樣？

向日葵和豌豆射手有好轉嗎？

唉……

雖然他們在手工課上表現突出，但腦力訓練的測試仍然一塌糊塗。

怎麼會這樣呢？

因為他們不識字。

那我們倆的成績呢？

你們這兩天忙着照顧那兩個小傢伙，也影響了學習。

113

前兩天學過的思維推算法，你們也忘得一乾二淨。

不會吧？剛學過的，怎麼會忘得這麼快？

因為遺忘是有規律的。

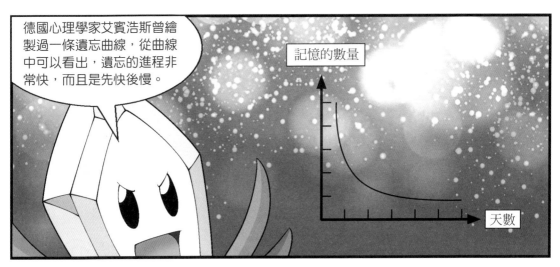

德國心理學家艾賓浩斯曾繪製過一條遺忘曲線，從曲線中可以看出，遺忘的進程非常快，而且是先快後慢。

記憶的數量

天數

剛剛學會的知識，如果不趕緊複習，一天後就只能剩下原來的 25%。

啊，那不是白學了？

所以及時複習很重要。

都怪我，只顧着讓你們照顧豌豆射手和向日葵，耽誤了你們倆的學習。

別這麼說。

一榮俱榮，一損俱損，我們是一個團伙⋯⋯

是團隊⋯⋯

殭屍大腦訓練營

我不是跟你們說了嗎？

複習很重要，很重要！

課外作業是讓你們複習鞏固記憶，結果交來的全是空白作業。

作業本

博士別生氣。

我們已經找到贏植物的方法了。

十拿九穩!

因為我們給植物下藥了……

甚麼?

如何擁有「福爾摩斯式」的邏輯思維？

植物大腦訓練營

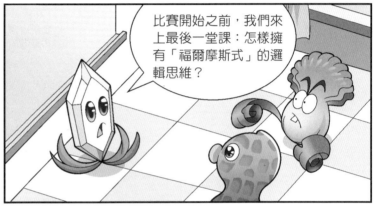

比賽開始之前，我們來上最後一堂課：怎樣擁有「福爾摩斯式」的邏輯思維？

首先，遇到任何事情，我們要多質疑、多猜想。只是被蘋果砸了一下，這種簡單的事情，牛頓卻對此提出了疑問，並提出了萬有引力的猜想。

老師，我有疑問！

我對豌豆射手和向日葵中毒的事情有疑問，我猜想這種壞事肯定是殭屍做的！

先聽我講完，邏輯思維訓練還有兩個步驟，一是多驗證、多總結。我們沒有證據，不能隨便指責別人。

您的意思是，提出猜想後，要把它付諸實踐，驗證猜想的正確性，並總結經驗？

嗯。除此之外，在儲存了大量知識後，我們還要學會多聯想……

讓知識之間形成網絡，並利用學到的知識解決問題。

剛才花生射手的猜想，或許我可以驗證……

向日葵和豌豆射手出事的那天晚上，本來我是在這間教室溫習的。

而你也是在這條走廊上發現中毒的向日葵和豌豆射手的。

你後來換教室了嗎？

是的。

棱鏡草老師告訴我，在安靜的環境下比較容易集中注意力，所以我換到了另一間安靜的教室。

你的意思是，當時這間教室很吵？

嗯。我的確在這裏聽到了一些奇怪的聲音。

甚麼樣的聲音呢？

好像是玻璃瓶被打碎的聲音。

還有兩個人吵架的聲音。

啊？

訓練營裏有那麼多植物，一瓶藥水怎麼夠？

怎麼不夠？只要把最厲害的豌豆射手和向日葵解決就行了！

聲音也許是兇手發出來的！

你還記得聲音是從哪裏傳來的嗎？

讓我想一想。

是那兒！

呵——

殭屍大腦訓練營

第 2 天

未來殭屍博士瘋了。

你們幾個，還不快過來幫忙？

噢。

你們瘋了嗎？綁我幹嗎？

是啊，砸了多可惜啊！

它們可都是你的研究成果。

瘋了的好像是你。

還不是因為你們！

我和「超強大腦大對決」比賽的投資人簽過協議，保證不會用不正當手段贏得比賽。如果違約，我的財產會被全部沒收的！

啊？

8點了，還有半小時，「超強大腦大對決」比賽就要開始了！怎麼辦？

125

第七感真的存在嗎？

歡迎來到宇宙最酷、最炫、最燒腦的「超強大腦大對決」比賽現場！

今天是一個值得紀念的日子，植物和殭屍將在這個舞台上，決勝出宇宙最強大腦戰隊，獲勝戰隊將獲得巨額獎金。

比賽正式開始──

怎麼就你自己？花生射手和棱鏡草呢？

他們在為豌豆射手和向日葵找解藥呢！

我作為導師不能參賽，你以一對三，會輸的！

我也不想這樣啊。

第1題！

人類一般只有一顆心臟，可小露的朋友卻有兩顆心臟，這是為甚麼？

我知道！

因為小露的朋友是孕婦！

回答正確！

在一次戰鬥中，小明衝在最前面，結果被隊長罵，這是為甚麼？

因為隊長心疼他。

錯！

因為小強在逃跑時衝在最前面。

答對了！

1 小時後

植物鎮電視台

128

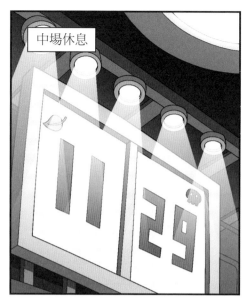

中場休息

菜問，我們來幫你了！

小孩子別亂來。

等等！

你叫我「菜問」，不叫我「爸爸」？

我們身上的毒已經解了。

花生射手和棱鏡草從未來殭屍博士那裏拿到了解藥。

沒想到未來殭屍博士把自己捆起來了，我們輕而易舉就找到了藥。

休息時間結束，下半場比賽開始！

你先休息一會吧，瞧我們的！

加油！

金店的工作人員在值班時睡着了，金店被盜。他告訴警察，他是被人下了藥，這是當時記錄的監控圖像。請問他的說法有可能是真的嗎？

有可能，因為桌子上有殘餘的粉末。

回答正確！

住在北半球的小麗畫了兩幅畫，分別表示夏天和冬天的正午。請問哪幅是表示夏天，哪幅是表示冬天？

左圖是表示夏天，右圖是表示冬天。因為相比於冬天，夏天時的太陽直射點高，照進房間的光線面積小，冬天則相反。

對了，植物隊又得 1 分！

向日葵和豌豆射手的智力為甚麼突然恢復了？

不知道啊！

半小時後

哈哈，雙方的比賽真是激烈，現在比分追平。接下來，要進行的是最後一道決勝題——第七感！

甚麼是第七感啊？

第七感，是一種對時間的靈敏感覺，也是心理上的時間感，即人的意識擁有基於過去的記憶，並模擬未來、分析未來的功能。有第七感的人擁有強大的洞察能力和移情能力。

請雙方分別派出一位選手。

我們已經商量好了，最後一道題派你去參賽。

甚麼？我嗎？

我不行。

誰說的？我們都覺得你可以。

133

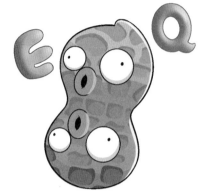

情商高的人更容易
有所作為嗎？

轟轟

花生射手，
加油！

你在這裏喊加
油有甚麼用，
他又聽不見。

最後一場比拚考驗的
是心理素質，兩位參
賽選手被關在同一間
房間，誰先讓對方臣
服，就算贏。

它可是我的寶貝。

看來我猜得沒錯，原來你就是當年那個叱咤風雲的探險之王。

你也知道那場比賽？

那場比賽不僅轟動了殭屍城，在植物鎮的收視率也很高。

在最後一場比賽中，海盜船長殭屍偷走了你的食物，害你差點命喪途中。

唉，是的。

不過我堅持了下來，靠着袖裏僅存的一點食物，走完了全程。

看到你艱難地爬過終點線的時候，我真的非常感動。

雖然不想承認，但你曾經是我心中的英雄。

137

你不覺得，我們現在的局面，很像那場比賽嗎？

有嗎？

你們給豌豆射手和向日葵下藥的做法，和當年海盜船長殭屍的做法有甚麼區別？

要不是豌豆射手和向日葵中了毒，我們早就贏了。

他說的好像有道理。

海盜船長殭屍勝之不武的行為曾是我最痛恨的，可現在，我也變成了他那樣的人……

比賽結束!

冠軍屬於你們,我自願退出比賽。

你說甚麼?

你瘋了嗎?

哈哈!

冠軍產生,花生射手憑藉着超高的情商,贏得了比賽!

情商真的這麼重要嗎?

嗯,研究表明,情商的高低,確實和一個人未來的成就有關。

在很多知名大企業中,往往是情商高的人當領袖。美國物理學家本傑明·富蘭克林、美國前總統富蘭克林·羅斯福、喬治·華盛頓也都擁有一流的情商。

本傑明·富蘭克林漫畫像

富蘭克林·羅斯福漫畫像

喬治·華盛頓漫畫像

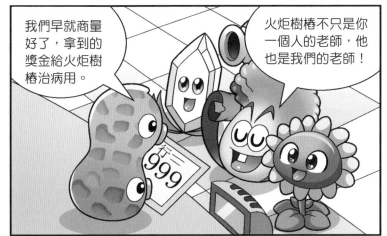

我們早就商量好了，拿到的獎金給火炬樹椿治病用。

火炬樹椿不只是你一個人的老師，他也是我們的老師！

999

謝謝⋯⋯

1 個月後

POLICE

叮鈴鈴

喂——

不好啦！殭屍城裏的殭屍全都消失了，殭屍城現在變成了一座空城⋯⋯

甚麼？

（未完待續⋯⋯）

認識奇妙的大腦

多巴胺影響人類的社交能力

作為社會性動物，人類普遍擁有與親友交流、與陌生人溝通的社交能力，而這種獨特的社會智力可能源於一種神經傳導物質——多巴胺。多巴胺主要用來幫助大腦細胞傳送神經脈衝（一種神經細胞突觸電化學傳導），傳遞興奮、開心等感官信息。

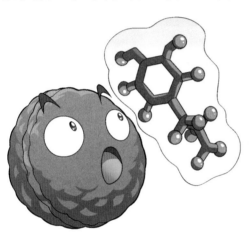

美國肯特州立大學的科學家收集了一些來自腦組織的樣本，包括六個物種：人類、豚尾猴、捲尾猴、橄欖猴、黑猩猩和大猩猩，然後切下了部分大腦基底核（大腦深部一系列神經核團組成的功能整體，又稱為「基底神經節」）。大腦基底核參與許多運動過程和情感表達，還參與感覺和運動性衝動的整合作用以及認識過程。科學家在對不同神經的傳導物質做出反應的化學物質上進行着色，分析這些化學物質對社交和合作行為的敏感度，從而衡量靈長類動物釋放的傳導物質的水平。

這次實驗的結果顯示，與猿類和猴類相比，人類的大腦紋狀體裏的多巴胺數量更多，而乙醯膽鹼的數量則少得多。這兩種物質的一多一少，恰恰是將人類與其他物種區分開來的關鍵性差異。

科學家認為，這些神經傳導物質的差異促使其他漸進的變化，如人類語言的發展與一夫一妻制。原始社會裏，那些能與其他男性合作愉快的男子通常是更成功的狩獵者。人類的祖先愈來愈擅長通

過合作來提高生存機會，共享了製造工具的技能，最終發展出了語言。人類的社交能力或許與多巴胺水平密切相關。

　　據說，拉密達猿人曾在埃塞俄比亞地區生活過。與那些會將獠牙展露出表示威脅的黑猩猩相比，拉密達猿人的尖牙已經減少了一些。這就意味着當他們張開大嘴的時候，很有可能是在微笑或者發出合作的信號，而非一味地對敵人進行威脅警示。

需要「試鏡」的腦細胞

　　近年來，很多神經學家在思考一個問題：大腦在不需要成長或強化的情況下，是怎樣繼續學習新技能的？《認知科學趨勢》學刊提出了一個新觀點：大腦的膨脹或收縮可以通過達爾文演化論來解釋。人們處於學習的初始階段時，腦細胞就會膨脹或增長，然後會對腦

細胞的部分或全部重新規劃。這是大腦的主觀能動性，是竭力探索各種可能的最佳方式，召集不同結構與類型的細胞進行除錯，選出其中最好的，去掉不需要的。

為了便於理解，我們可以把腦細胞假設為參加試鏡的演員，大腦就是導演。首先，大腦通過形成新細胞來聚集候選者，增多的腦細胞使它在體積上有了增長。然後，大腦就會發出指令，讓腦細胞發揮不同的功能，從而判斷出哪些腦細胞能夠更好地儲存或攜帶信息。一旦確定哪些細胞能夠更有效地發揮作用，大腦就會否定其他候選者，或為它們分配不一樣的角色。

有神經學家做了一項研究，讓慣用右手的人堅持學習用左手寫字與畫畫。一個月以後，參與實驗的人的腦容量有所增加。又過了三週，他們的腦容量幾乎全都恢復了之前的正常情況。很明顯，大腦驅逐了那些不怎麼能幹的腦細胞，只是將擅長左手做事的腦細胞留了下來。

「達文西睡眠法」科學嗎？

長久以來，有一種「達文西睡眠法」為人們所津津樂道，原因在於這種睡眠法是身兼科學家、藝術家、發明家等多重身份的意大利人達文西所創造的。

據說，達文西的睡眠方式是每隔 4 個小時睡上 15 至 20 分鐘，

這樣平均下來,每天只需睡 2 小時左右。這種睡眠方式其實是多階段睡眠,就是把完整的睡眠時間分割開來。很多人希望通過這種方式來縮短睡眠的總時長,可以有更多時間來學習和工作。然而,除了描述「達文西睡眠法」的個別文章,並沒有甚麼可靠的證據表明達文西在很長時間內有規律地採用過這樣的睡眠方式。

第一個實踐「達文西睡眠法」的是美國人巴克敏斯特·富勒。他是一名設計師和工程師,在 1943 年的《時代》雜誌上發表了長達兩年的睡眠計劃。他是這樣做的:每隔 6 小時小睡 30 分鐘,即每天只睡 2 小時。最後,他的睡眠計劃因商業伙伴的阻攔和個人事業的發展而終止了,因為他的作息時間與其他人太不合拍了。想要長期堅持多階段睡眠,並不容易。

　　心理學家伍茲奈克認為人類的大腦根本無法適應「多次小睡」的睡眠方式。腦電波與其他生理指標的研究表明，如果試圖利用多次小睡來減少睡眠時間的總量，會讓不同階段的睡眠時間都被縮減，擾亂我們的生物鐘，甚至造成睡眠節律紊亂症等負面影響，讓生理和心理機能減退，焦慮和緊張感增強，免疫力降低。多階段睡眠方式始終都沒能達成和正常睡眠一樣的精神狀態和認知表現。所以，伍茲奈克並不提倡將多階段睡眠當成一種生活方式，其睡眠質量必然會受到嚴重影響，也無法提高人的創造力。

　　睡眠專家建議大家盡量在「黃金睡眠時間」（通常指晚上 9 點到清晨 7 點）裏睡足八九個小時。只有在遇到緊急情況或迫不得已的時候，可以嘗試使用小睡的方式讓身體放鬆一下，但這種方法只能是對正常睡眠的一種補充，而無法作為主要的睡眠模式。

如何善待我們的大腦？

　　大腦是進行高級神經活動的中樞。美國「心理學之父」威廉·詹姆斯指出，人的大腦潛力巨大，普通人的大腦只開發了 10%。如何讓大腦更強大，是很多人都感興趣的問題。開發大腦的方法眾說紛紜，比如背誦法、觀察法、聯想法、推理法、辯論法、「記憶宮殿法」等。其中的「記憶宮殿法」是一種特別的聯想記憶法，利用人

的聯想力，快速掌握大量信息。記憶宮殿是一個暗喻，象徵我們熟悉的、能夠輕易想起來的地方。它可以是你的家，也可以是你每天上學的路線。通過你的記憶和聯想，列出明顯的特徵物，這些熟悉的地方就將成為你儲存和調取任何信息的指南。

　　無論採用哪種方法，歸根到底，首先要注意勞逸結合，保證充足的睡眠，保持健康的飲食，堅持適當的運動；其次，要加強大腦的思維訓練，要多讀書、勤思考，讓多種活動互相輪換，從而保證大腦皮層的工作效率。當然，也不能過度用腦。在我們的日常生活、學習中，經過緊張用腦後，要及時適當休息，起身進行體操、散步等運動，左右腦交替使用，勞逸結合。

人的記憶力只有在早晨是最佳狀態嗎？

人們常說「一日之計在於晨」，無論是出自老師、父母的要求，或是自發行為，學生們總是習慣於在早上進行課文的背誦。似乎大家對於早晨擁有最佳的記憶能力這個說法深信不疑，認為早上的學習效率最高。

其實，關於「一天中不同時間段記憶力差別」的研究從 1894 年就開始了。而將所有的研究結果綜合起來便能得出一個結論，那就是大多數年輕人的最佳記憶時間並不一定是早晨，也可能是下午和晚上。特別是經常熬夜的「夜貓子」，晚上的記憶力狀態尤其好。所以，每天甚麼時候擁有最佳記憶力完全因人而異。當然，保持一個正常的作息規律，能使得我們的學習狀態更為穩定。

聽覺記憶真的可靠嗎？

記憶是大腦系統活動的過程，一般分為識記、保持、回憶和再認這四個階段。按感知器官分類，人類通常有三種記憶方式：視覺記憶、嗅覺記憶和聽覺記憶。中國有一句古話叫「百聞不如一見」，你興許也體會到相比於我們看見或觸碰到的事物，我們對於聽到的東西遺忘得會更快。

有一位研究這個課題的教授找來了一百位學生進行實驗。教授讓他們聽狗的叫聲、觀看靜音的籃球比賽，以及在蒙住雙眼的情況下觸碰茶杯等日常物品。研究者發現，在實驗結束一小時和一週後，參與實驗的學生對聲音的記憶最差，而視覺和觸覺記憶則幾乎不受影響。實驗表明，大腦對於聽覺記憶的處理和儲存過程可能與其他記憶不同。

有趣的是，這個結論與針對其他靈長目動物（如猴子、大猩猩）進行的實驗結果相同。基於這些發現，研究者相信人類的聽覺記憶的弱勢是起源於猿類大腦，並且在進化演變的過程中留存至今。

誰是我們的「心理管家」？

潛意識是人們已經發生但並未達到意識狀態的心理活動過程，是我們無法直觀察覺到的。關於潛意識，一些心理學家認為這是大腦「自動化」的表現。而一系列的研究結果也證明，我們對於自身

的行動與心理活動有意識地控制的時間只有 5% 左右，也就是說大部分時間裏，我們的生活都是由潛意識來「自動化」進行主導的。一系列的實驗研究發現，潛意識會將我們的行為、目標和情緒「自動化」，參與者很容易受看到的東西的影響，比如看見積極詞彙的參與者之後會表現出愉快積極的態度；反之，看見許多消極詞彙的參與者則更為悲傷消極。簡單的詞彙便能影響人的情緒，而我們本身有時卻沒有察覺。

潛意識如同我們的「心理管家」，它非常了解我們的喜好，可以不用我們耗費自主意識便能自動完成和管理一系列任務。當然，這種「自動化」處理也有出錯的時候。所以我們有時要進行更為細緻的自我認知與反思，並且通過有意識的心理訓練來強化、提升潛意識，讓這個「心理管家」引領我們的健康生活。

每個人的大腦中都存在過濾器

每個人的腦中都存在着一個過濾器，那就是確認偏誤。確認偏誤是指人們普遍偏好能夠驗證假設的信息，而不是那些否定假設的信息。比如，當你失敗、失意的時候，聽到的歌曲會令你煩躁；當你不相信有人登上過月球，那麼你總能找到許許多多的證據證明這一點。確認偏誤只留下順應你的要素，而將其餘你認為是錯的要素全部銷毀。

真正的理性客觀並不完全存在，影響我們做出正確判斷的重要因素就包括確認偏誤。確認偏誤導致我們對待事物的認知不同，甚至是記憶也會被確認偏誤所左右。

大腦會自動選擇性地留下那些符合我們既有觀點的記憶，而將那些違背觀點的內容遺忘掉。久而久之，我們便能夠從書籍、新聞、報告等媒介中獲取我們所認同的觀點，其結果便是我們對於自身生活的認可與自信被樹立起來，這便是確認偏誤帶給我們的認同感。

夢的解析

夢境暗示的健康隱患

每個人都會做夢，夢境對於我們來說充滿神祕感與不確定因素，往往醒來的時候就忘了大半或完全忘記。因此，夢境分析也大多被認為不可靠。但是，科學研究發現夢境可以為人們提供重要的線索，是某些疾病的暗示或預兆。

· 經常做噩夢 ·

在很多情況下，噩夢與服用藥物有關，比如那些有助於擴張血管的藥物就被認為是「噩夢製造者」，有時候它們會改變大腦中一些化學物質的平衡，進而誘發噩夢。而且，噩夢可能與心臟病有着一定的關聯，因為心臟病患者更容易出現呼吸問題，造成大腦供氧量降低，引發噩夢。據統計，心律不齊的症狀會讓噩夢發生的概率增加 3 倍左右。頻頻做噩夢還有可能是偏頭痛發出的預警信號。

研究發現，偏頭痛發作之前，人們大多會做一些有關於「憤怒」「攻擊」的噩夢，或許就是因為偏頭痛造成大腦內的某些物質發生了變化。

還有一個噩夢連連的常見原因 —— 睡眠不足。據研究，睡得太少容易引發「睡眠癱瘓症」。這種情況經常發生在我們剛入睡或是快要醒的時候，覺得自己能夠聽見聲音、看到影像，全身卻不能動彈，也喊不出聲音來，甚至產生了幻覺。大多數人在這時都會比較恐慌，所幸這種現象在一兩分鐘內就會自然消失。

· 頻繁做夢 ·

科學研究發現，我們的身體在夜間感覺太冷或太熱時都會導致夢境增多，因為外在條件對睡眠過程造成了干擾，使有夢的睡眠階

段被驚醒的次數加多了，我們對夢境的記憶也就更深刻了。

　　連續幾晚沒睡好也會導致頻繁做夢，而且夢境會顯得特別清晰。因為缺乏睡眠會讓大腦進入有夢睡眠階段的時間大為減少，從而欠下了「睡眠債」。所以，在連續缺覺後好好休息的第一晚就開始還「睡眠債」，有夢睡眠階段的時間會比平時更長。

做夢有助於思考

　　據美國加利福尼亞大學睡眠研究專家薩拉·梅德尼克研究發現，人們在做夢的時候會讓大腦在不相干的事物之間建立起聯繫，從而提高自己的思考能力。

　　曾經有 77 名年輕人參加了這項睡眠實驗，他們先在上午參加了反映創造力的詞彙測驗。測驗開始時，他們得到了幾組單詞，每組裏都有三個看上去毫無聯繫的單詞，這些年輕人需要想出幾組將三

個單詞成功聯繫到一起的第四個單詞。研究人員記錄下了他們上午的測驗成績。

當天中午，一部分實驗對象進行了午睡，研究人員在他們的小睡期間使用了監測睡眠狀況的儀器。等到他們午睡醒來後，所有人再次聚集在一起做詞彙測驗。研究人員發現，有過 REM 睡眠（伴有眼球快速運動的睡眠）的實驗對象的測驗成績有着明顯的提高，而沒有午睡過的實驗對象的測試成績幾乎沒有變化。人們在 REM 睡眠時間內經常會做夢，伴隨着眼球的快速運動。這就意味着，睡眠實際上是一個充滿思考性和創造力的過程，大腦皮層會將新信息與很多想法、記憶自由地整合起來。

梅德尼克認為，只有超過 60 分鐘的睡眠才會出現 REM 睡眠階段，才會有助於人的思考和創造。這位睡眠專家還通過自身的經歷證明了 REM 睡眠的神奇效果。她在業餘時間喜愛創作歌曲，有一次睡覺前，她嘗試從「黃鐵礦」這個詞聯想出一首歌詞來。在 90 分鐘的 REM 睡眠後，她的確創作出了歌詞，並且把歌名定為《像黃鐵礦那樣去愛》。

其實，很多人都有過類似這樣的經歷：對於一個問題怎麼都想不出答案，最後決定把問題放到一邊，然後睡了一覺，醒來後問題就迎刃而解了。天才作曲家莫扎特就曾經說過：「我總是會夢到音樂，可以說，我創作的所有樂曲大多來自我的夢裏。」《金銀島》的作者、蘇格蘭作家羅伯特‧路易斯‧史蒂文森也宣稱，他所創作的小說《化身博士》的靈感就來自於夢境。美國鋼琴家弗拉迪米爾‧霍羅威茨也曾表示，他在夢裏領悟了彈奏複雜音樂段落的技法。

　　做夢是人類的一種正常的不可或缺的生理現象。隨着現代心理學的發展，對夢和大腦的研究愈來愈深入，也讓人們對夢的認識愈來愈科學。

□ 責任編輯：華　田

□ 裝幀設計：龐雅美　鄧佩儀

□ 排　版：楊舜君

□ 印　務：劉漢舉

植物大戰殭屍 2 之人體漫畫 01
——超強大腦大對決

□
編繪
笑江南

□
出版
中華教育
香港北角英皇道 499 號北角工業大廈一樓 B
電話：(852) 2137 2338　傳真：(852) 2713 8202
電子郵件：info@chunghwabook.com.hk
網址：http://www.chunghwabook.com.hk

□
發行
香港聯合書刊物流有限公司
香港新界荃灣德士古道 220-248 號
荃灣工業中心 16 樓
電話：(852) 2150 2100　傳真：(852) 2407 3062
電子郵件：info@suplogistics.com.hk

□
印刷
美雅印刷製本有限公司
香港觀塘榮業街 6 號 海濱工業大廈 4 樓 A 室

□
版次
2022 年 7 月第 1 版第 1 次印刷
© 2022 中華教育

□
規格
16 開（230 mm×170 mm）

□
ISBN：978-988-8807-66-6